U0246094

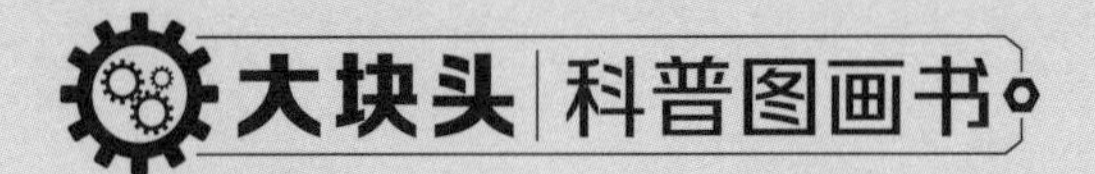

巨型机械

英国尤斯伯恩出版公司 编著
董 琦 史晗佑 译

目录

接力出版社
Publishing House

采矿机械

这台体形庞大、威力无穷的斗轮式挖掘机是世界上最大的机器之一，主要用来挖掘煤炭、泥土和石块。

制造这台巨大的挖掘机用了5年时间，它重达14000吨，相当于2500头大象的总重量。

输送带把煤输送到等待装载的卡车或火车上。

这台挖掘机太重了，需要12条履带才能带动。

这是用来升降斗轮
的钢丝绳。
整个斗轮的高度和一幢7层
建筑物的高度相当。
铲斗
斗轮转动时，煤落进
铲斗里。
斗轮
转动的斗轮把煤
倒在输送带上。
驾驶室
空铲斗再次转动。
带有锋利金属刮刀的铲
斗插入煤中。

这台大型拖拉机拥有强大的发动机，可以拉动非常沉重的设备，比如犁或收割机。

这台拖拉机牵引着压捆机。
伸缩臂叉装机叉起一捆干草，准备搬运到等待运输的卡车上。
压捆机的滚筒把干草滚成捆，然后再把干草捆卸下来。
农民驾驶着四轮摩托车在农场里跑得飞快。
带深槽的车轮抓地力很强。
巨大的车轮可以分散拖拉机的重量，防止它陷入泥土里。

农业机械

树篱修剪机的可弯曲机械臂便于修剪树篱。

修剪高度可达4.5米，相当于一辆双层公共汽车的高度。

四轮摩托车便于在崎岖的路面上行驶。

机械臂

伸缩臂叉装机上的机械臂可以伸长，从而把货物吊举到高处。

吊举高度可达6.5米，相当于一幢两层建筑物的高度。

联合收割机收割农作物，并将谷粒和茎秆分离。

收割速度：每分钟约30万株。

压捆机将干草压成捆，然后用细绳扎好。

速度：每天300多捆。

这台巨大的拖拉机可以牵引沉重的农业机械。

重量：相当于8台普通拖拉机的总重量。

翻开看看这些机械是如何工作的。

农作物喷雾机往庄稼上喷洒农药，以防治病虫害。

马铃薯收获机把马铃薯从地里挖出来。

收获速度：15000千克每小时

犁可以给农田松土、翻土，以备播种。

施肥机把粪肥撒到地里，帮助作物生长。

这台施肥机装载的肥料足够给两块地施肥。

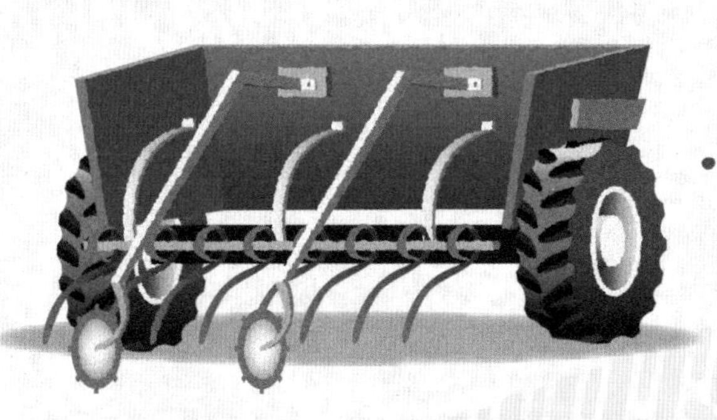

播种机把种子整齐地播撒到地里。

圆盘耙在地里松碎土壤，平整土地，以备播种。

豆子收割机把豆荚从成熟的豆科植物上采摘下来。

收割速度：8000千克每小时

树篱修剪机的可弯曲机械臂连角落里难以修剪到的树篱都够得着。
马铃薯
马铃薯收获机的一侧跟着一辆卡车，挖出来的马铃薯直接滚落进卡车里。

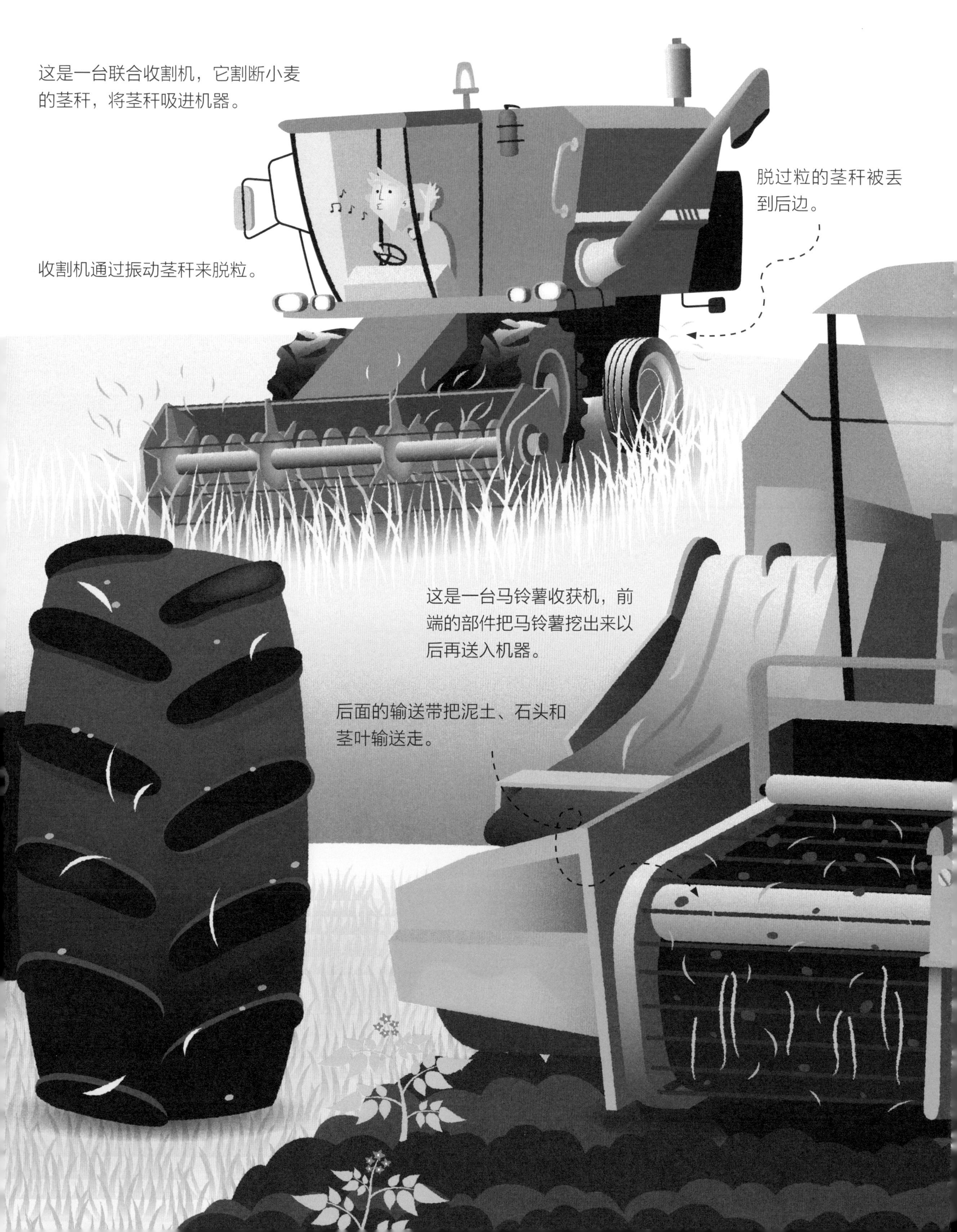
这是一台联合收割机，它割断小麦的茎秆，将茎秆吸进机器。
脱过粒的茎秆被丢到后边。
收割机通过振动茎秆来脱粒。
这是一台马铃薯收获机，前端的部件把马铃薯挖出来以后再送入机器。
后面的输送带把泥土、石头和茎叶输送走。

飞行机械

安-225运输机是世界上迄今为止载重量最大的飞机，专门为了运输一架航天飞机而研制。

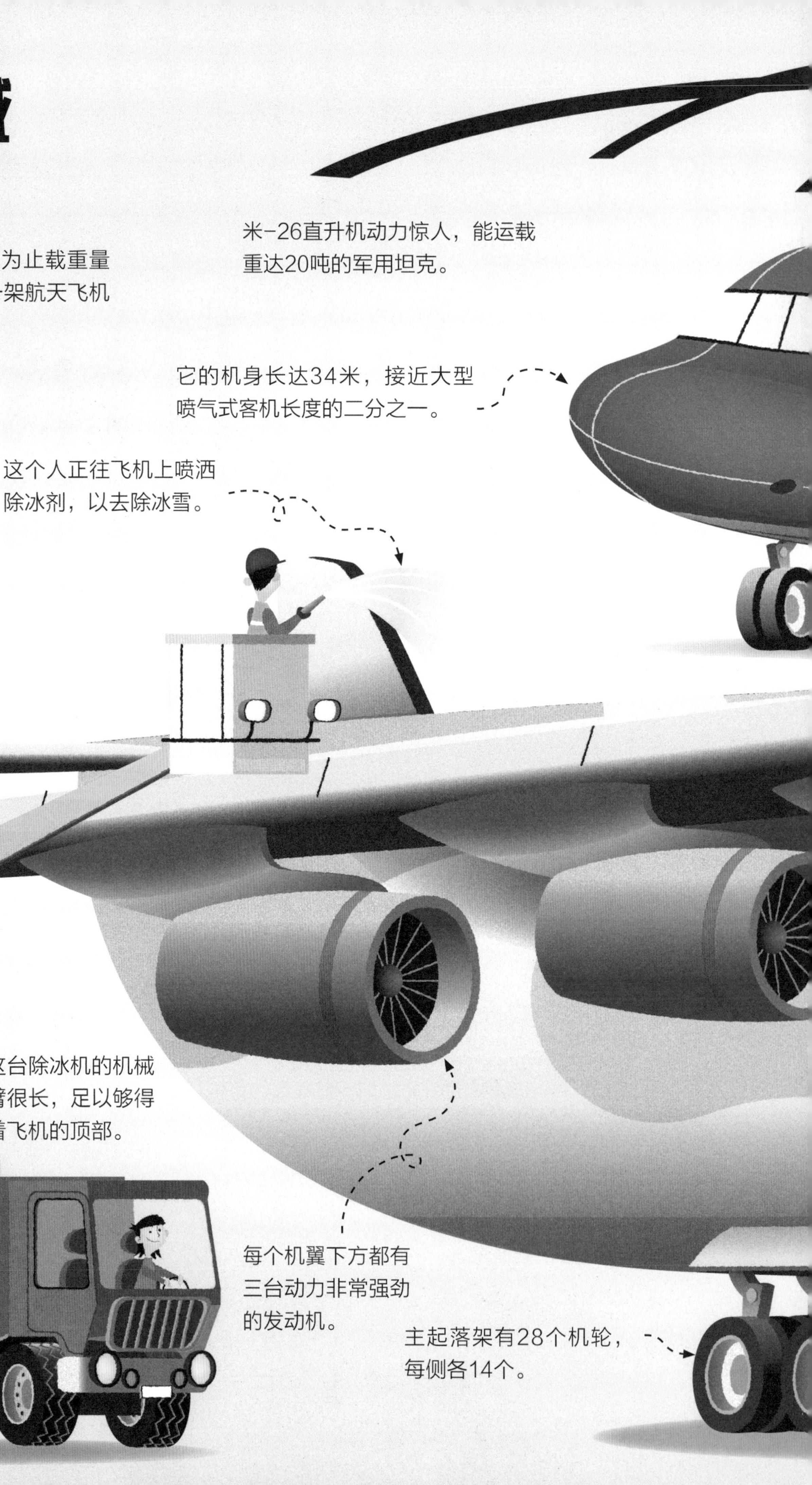

尾翼

米-26直升机动力惊人，能运载重达20吨的军用坦克。

它的机身长达34米，接近大型喷气式客机长度的二分之一。

这个人正往飞机上喷洒除冰剂，以去除冰雪。

这台除冰机的机械臂很长，足以够得着飞机的顶部。

每个机翼下方都有三台动力非常强劲的发动机。

主起落架有28个机轮，每侧各14个。

乘客们被安置在两个客舱中，上下各一个。
上层客舱
主客舱
舷梯
这架波音747也是喷气式飞机，
它可以搭载524名乘客。
前轮
这架飞机机身长达71米，只有一个
小型上层客舱。

公路机械

这辆车辆运输车的层板上
可以容纳12辆汽车。

全地形卡车是专门为了在崎岖
不平的道路上行驶而设计的。

干散货运输车用来装载水泥、
盐或面粉等散装货物。

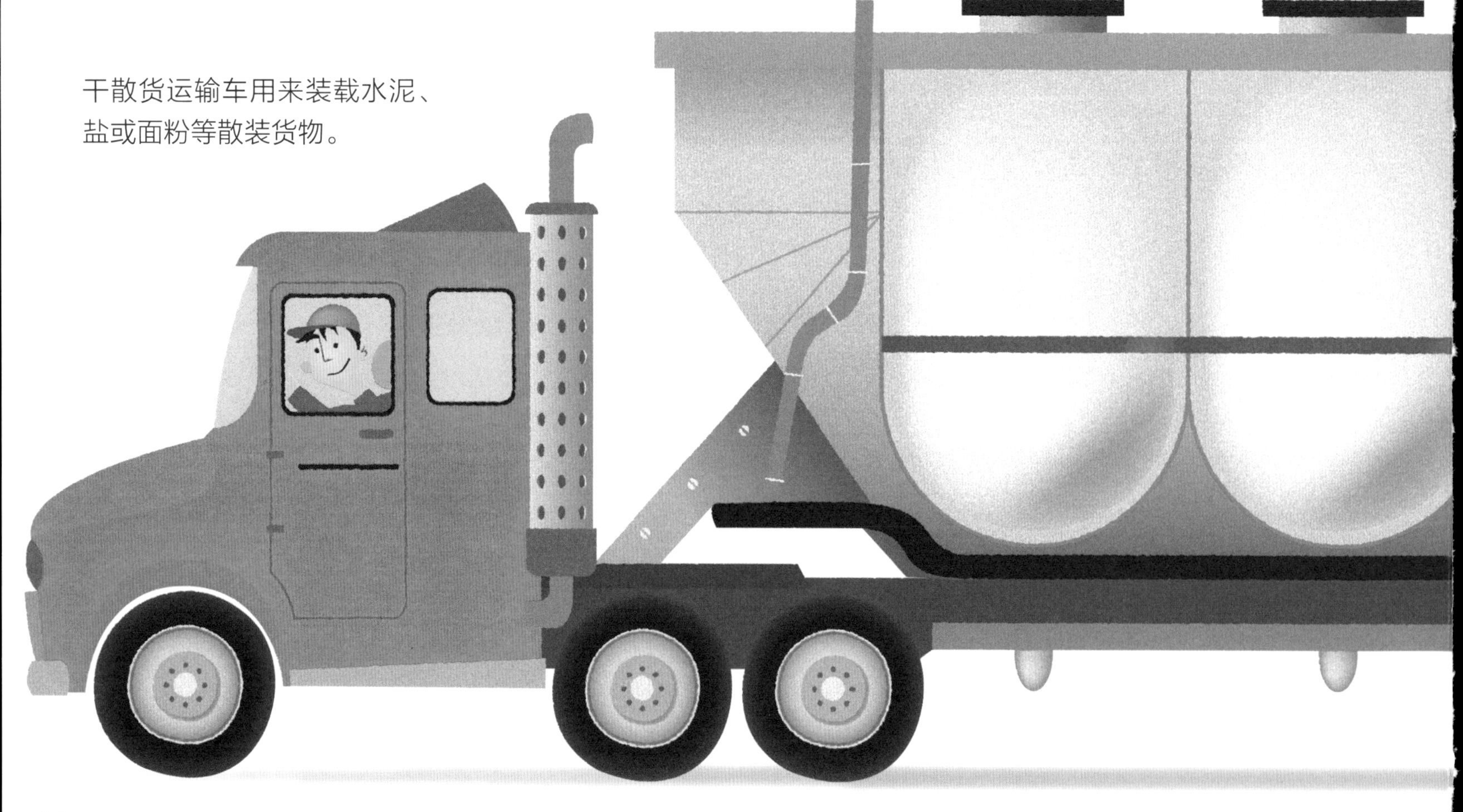

每辆汽车都用链条固定在层板上，防止它们滑落。
货物从这个口用软管输送进去。
这辆卡车是用来采矿的，它的重量过重，在普通的道路上行驶会轧坏路面。
为了分散重量，要用两辆并排行驶的低货架挂车运送。
它的车轮高达3.5米，跟成年大象差不多高。

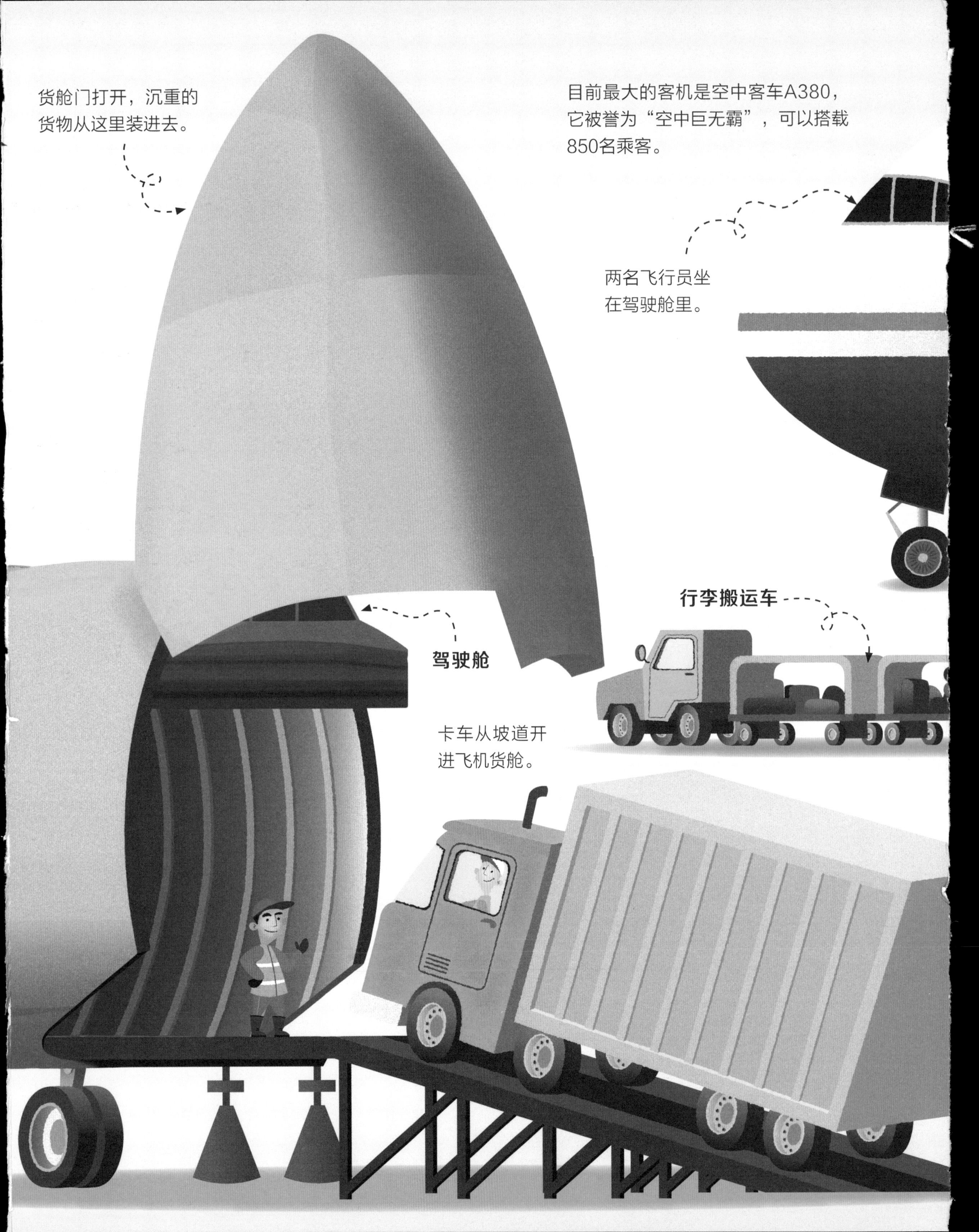
货舱门打开，沉重的
货物从这里装进去。
目前最大的客机是空中客车A380，
它被誉为“空中巨无霸”，可以搭载
850名乘客。
两名飞行员坐
在驾驶舱里。
行李搬运车
驾驶舱
卡车从坡道开
进飞机货舱。

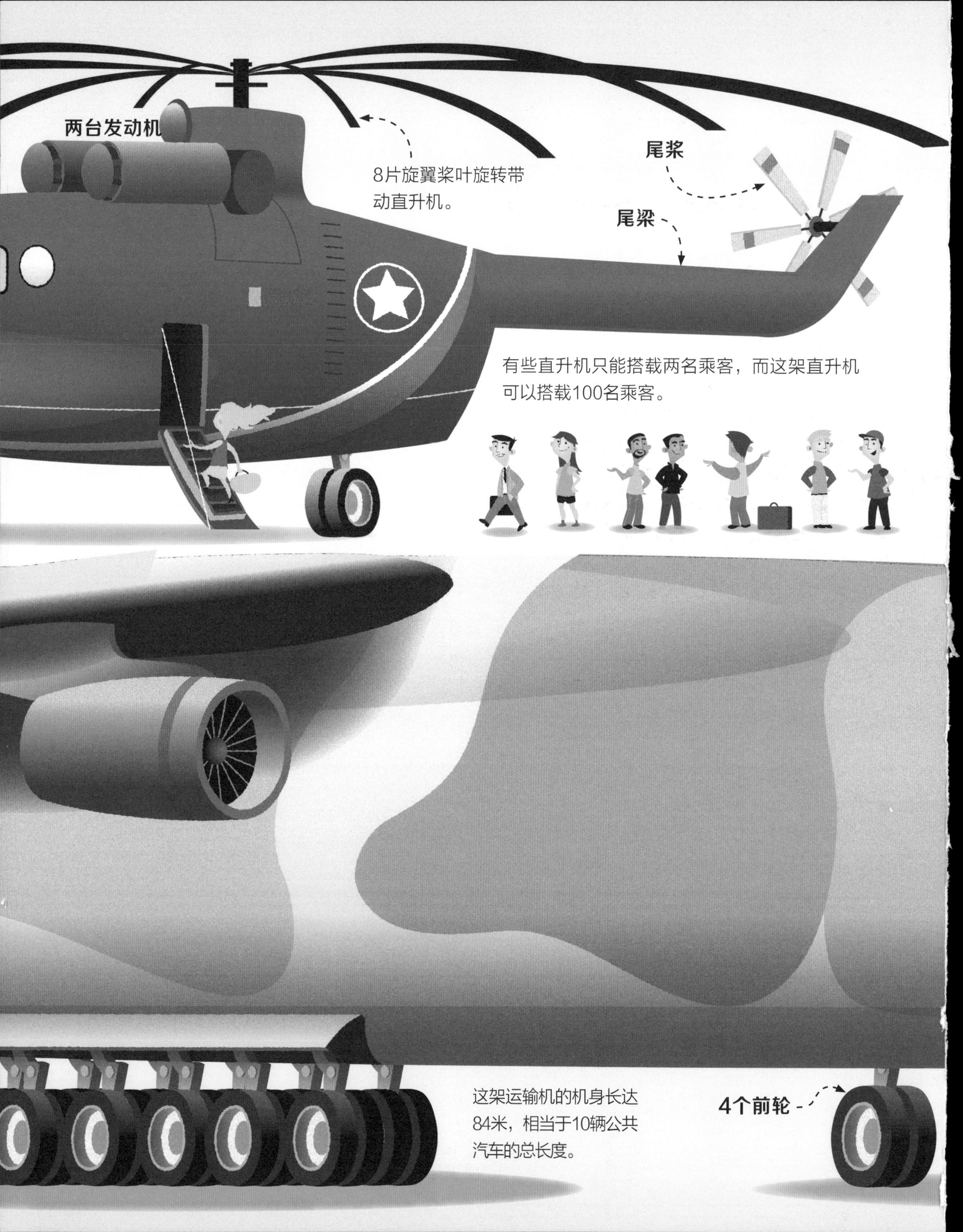
两台发动机
8片旋翼桨叶旋转带
动直升机。
尾桨
尾梁
有些直升机只能搭载两名乘客，而这架直升机
可以搭载100名乘客。
这架运输机的机身长达
84米，相当于10辆公共
汽车的总长度。
4个前轮

这辆超大型卡车的车身重量超过200吨，相当于36头大象的总重量。

这台平地机可以将崎岖不平的路面铲平。
这些长杆可以调节刮刀的高度。
压路机碾轧新的路面，让路面变得密实平整。
刮刀
沉重的碾轧轮
低货架挂车用来运输又大又重的机械，它有很多个车轮来分散重量。

这台反铲装载机正在用前
面的铲斗装运石块。
它的反向铲斗也
可以装载物料。
金属支腿可以使
装载机在工作时
保持稳定。
推土机的推土铲是用坚硬的金属
制成的，极为坚固。

搅拌筒
这台混凝土搅拌机正在将水泥、
沙子和水混合成混凝土。
自卸货车的货厢向后倾
翻，把石块卸下来。
混凝土从这里倒出来。
这些车轮比一个
成年人还高。

建筑工地机械

抓斗式挖掘机的抓具可以抓取大件物体。

最大负载量：7500千克，相当于可以抓起一辆小型卡车。

铰接式自卸货车用于运输泥土和沙石。

最大载重量：50吨，相当于9头大象的总重量。

桁（héng）架吊臂起重机用来吊举非常重的物料。

最大载重量：270吨，相当于50头大象的总重量。

推土机用巨大的金属推土铲将泥土和沙石推开。

这辆大型自卸卡车可以装载大量的泥土或沙石。

最大载重量：320吨，是上面那辆铰接式自卸货车载重量的6倍多。

钻机专门用来在地上挖洞。

钻地深度：5米，相当于奥林匹克运动会标准跳水池的深度。

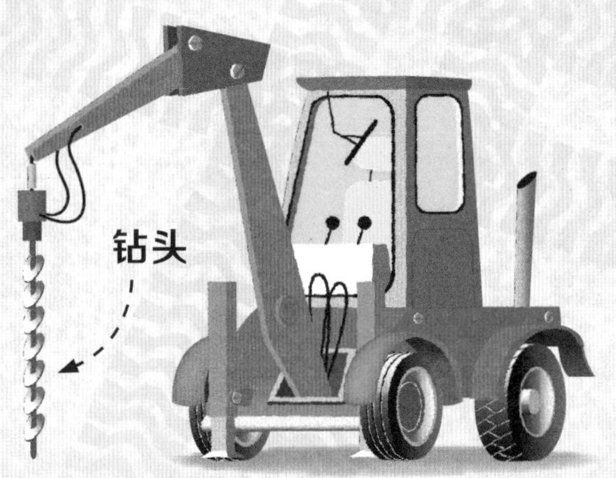

反铲装载机可以用后面的反向铲斗挖坑，也可以用前面的装载铲斗装载。

打桩机把又大又重的桩打入地里。

挖掘机在地上挖出巨大的坑。

最大挖掘深度：5米，相当于一只长颈鹿的高度。

管道敷设机在地下铺设水管、油管或燃气管道。每节管道的重量都相当于4头大象的总重量。

混凝土搅拌机的搅拌筒不断旋转，把各种物料搅拌成混凝土。

旋转速度：每分钟转20圈。

为了在不同的工作地点之间快速转移，移动式起重机需要固定在卡车上。

翻开折页，看看这些机械是如何工作的。

借助前大灯，驾驶员在昏暗的环境中也可以看清路况。
这个长长的金属臂是吊臂，它可以伸到10层楼那么高。
钢丝绳
这台移动式起重机需要两名驾驶员来操控。
用来吊取物料的巨大吊钩
起重机操控员坐在这里面。
卡车驾驶员坐在这里面。

装载铲斗
锋利的金属齿可
以插入地里。
这是一台履带式挖掘
机，它可以在崎岖不
平的道路上行驶。
迷你混凝土
搅拌机
这些金属支腿用来支
撑起重机的重量。

码头机械

集装箱起重机可以把集装箱从船上卸到码头上。

轨道

这个移动平板是集装箱吊具，可以提取吊运集装箱。

这艘集装箱船装载了很多集装箱。

集装箱

驾驶员坐在这里。

这台起重机差不多有25层楼那么高。

船尾

为了确保水的深度适合较大的船舶航行，这艘绞吸式挖泥船正在清理海床上的淤泥。

警用船正在巡逻。

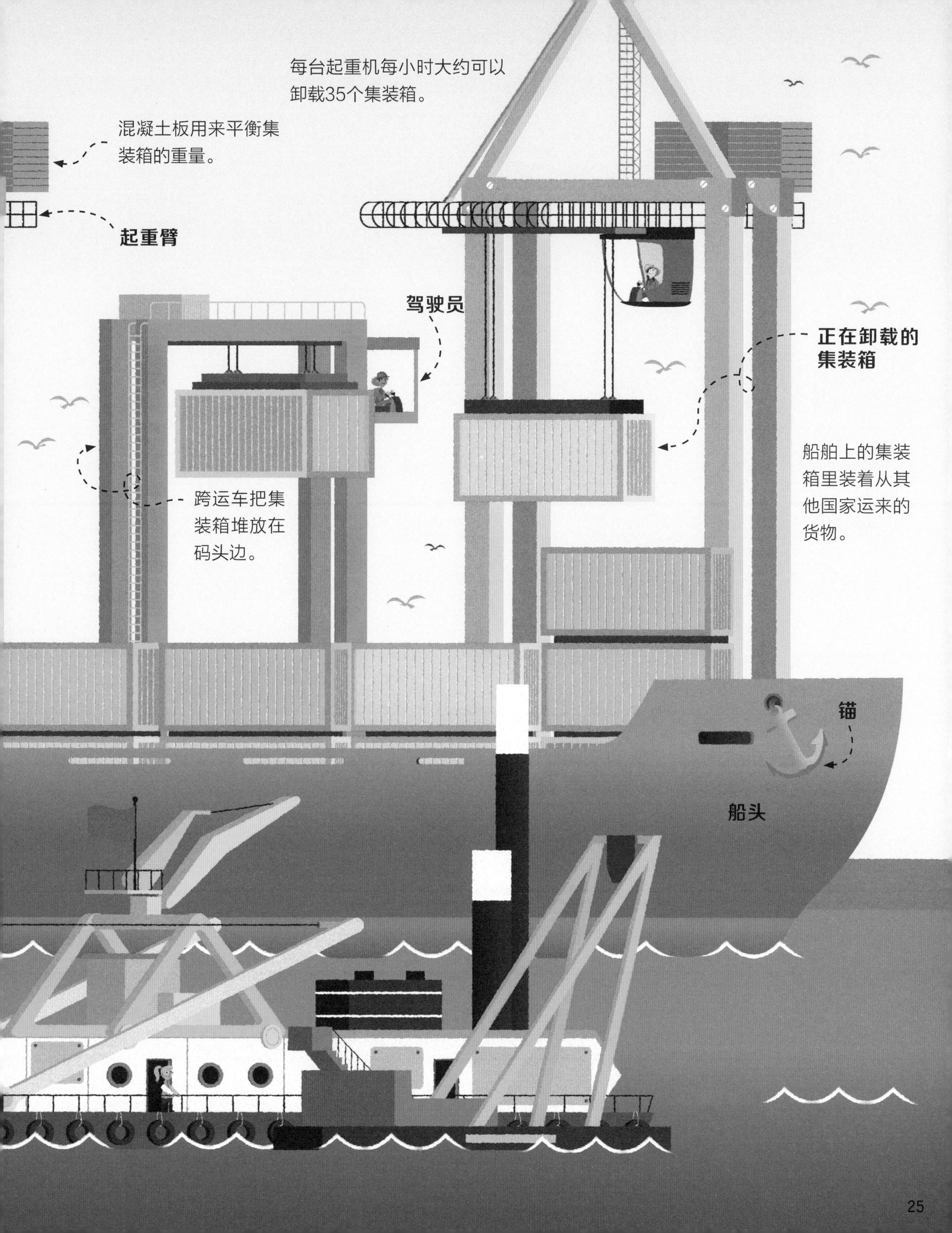
每台起重机每小时大约可以
卸载35个集装箱。
混凝土板用来平衡集
装箱的重量。
起重臂
驾驶员
正在卸载的
集装箱
船舶上的集装
箱里装着从其
他国家运来的
货物。
跨运车把集
装箱堆放在
码头边。
锚
船头

机械之最

世界上最大的拖拉机是美国的“Big Bud 747”，它每两分钟就可以耕完相当于一个足球场大小的土地。

世界上动力最强大的直升机是俄罗斯的米-26直升机，它可以吊运20吨的货物，这相当于1辆双层公共汽车的总重量。

这种集装箱船可以装载超过24000个集装箱。如果这些集装箱一个摞一个地堆叠起来，它们的高度相当于珠穆朗玛峰的7倍。

世界上最大的集装箱船长度有400米，差不多是足球场长度的4倍。

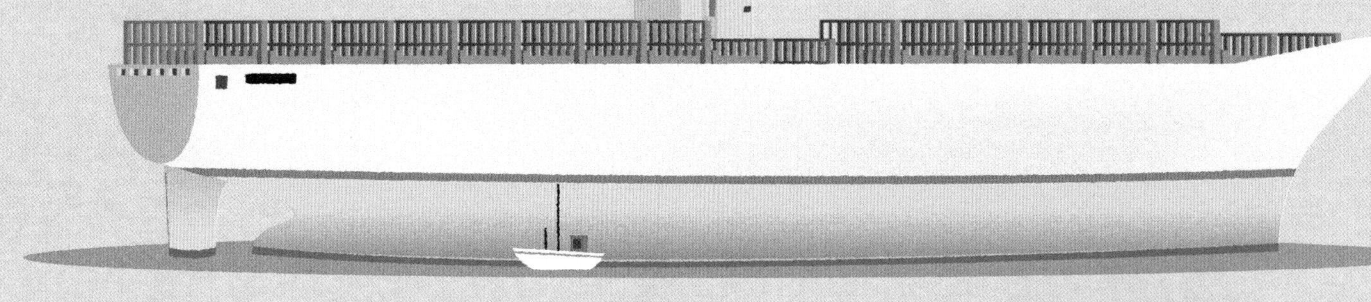

世界上最大的宽体客机是空中客车A380，它可以搭载850名乘客。

世界上最大的卡车是利勃海尔T282B重型自卸卡车。它的重量相当于14辆双层公共汽车的总重量。

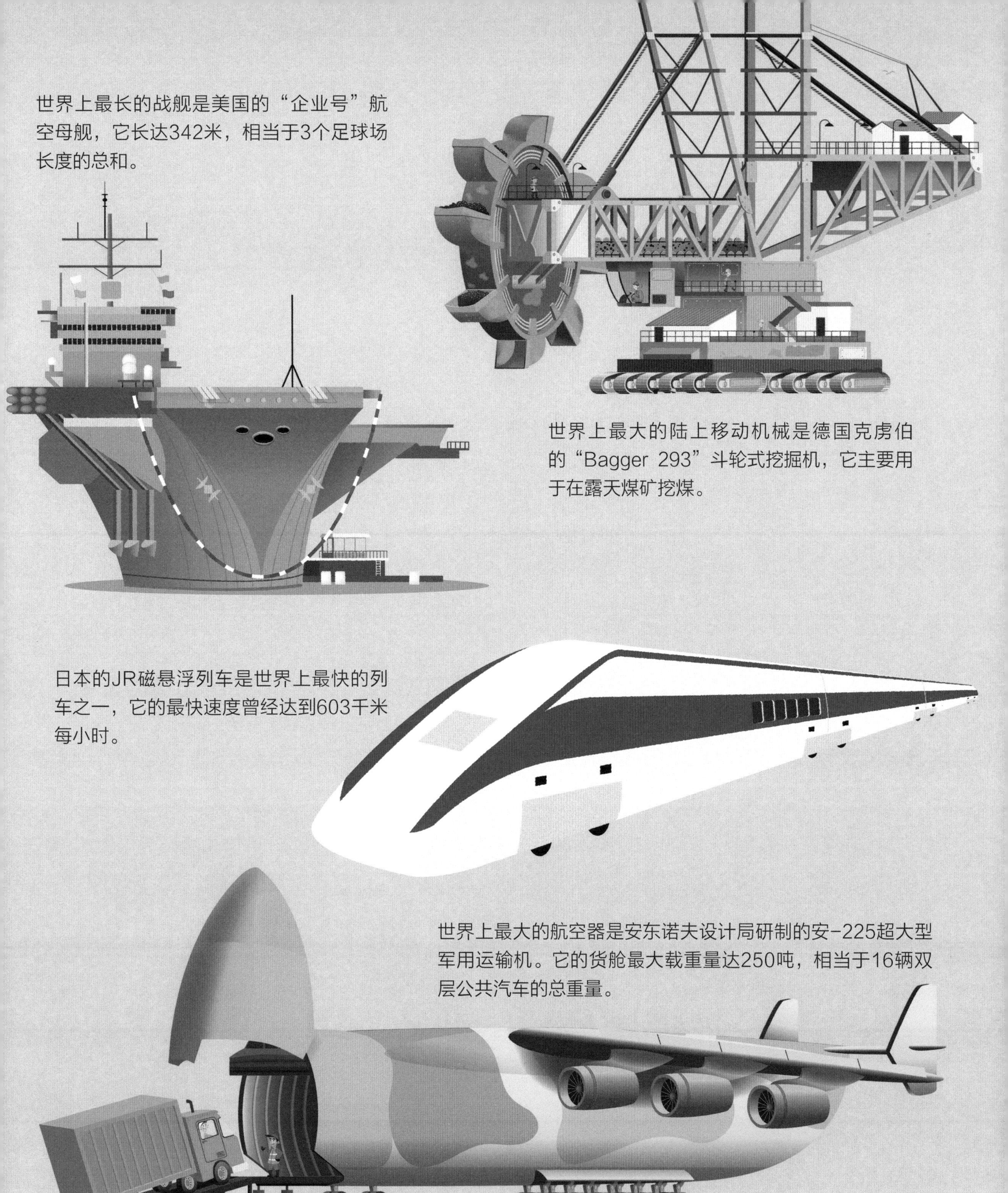

世界上最长的战舰是美国的“企业号”航空母舰，它长达342米，相当于3个足球场长度的总和。

世界上最大的陆上移动机械是德国克虏伯的“Bagger 293”斗轮式挖掘机，它主要用于在露天煤矿挖煤。

日本的JR磁悬浮列车是世界上最快的列车之一，它的最快速度曾经达到603千米每小时。

世界上最大的航空器是安东诺夫设计局研制的安-225超大型军用运输机。它的货舱最大载重量达250吨，相当于16辆双层公共汽车的总重量。

回收机械

这些连杆帮助机械臂上下移动。

这台抓斗式挖掘机可以轻而易举地吊起其他的小型机械。

驾驶室可以升降。

看，它正夹住一辆待回收的汽车，准备放到等待运输的卡车上。

吊杆

发动机在这里。

挖掘机工作时，这些金属支腿会伸出来支撑着它。

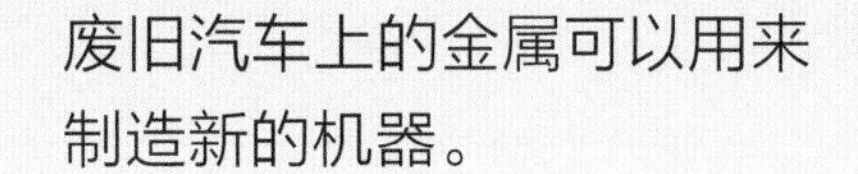

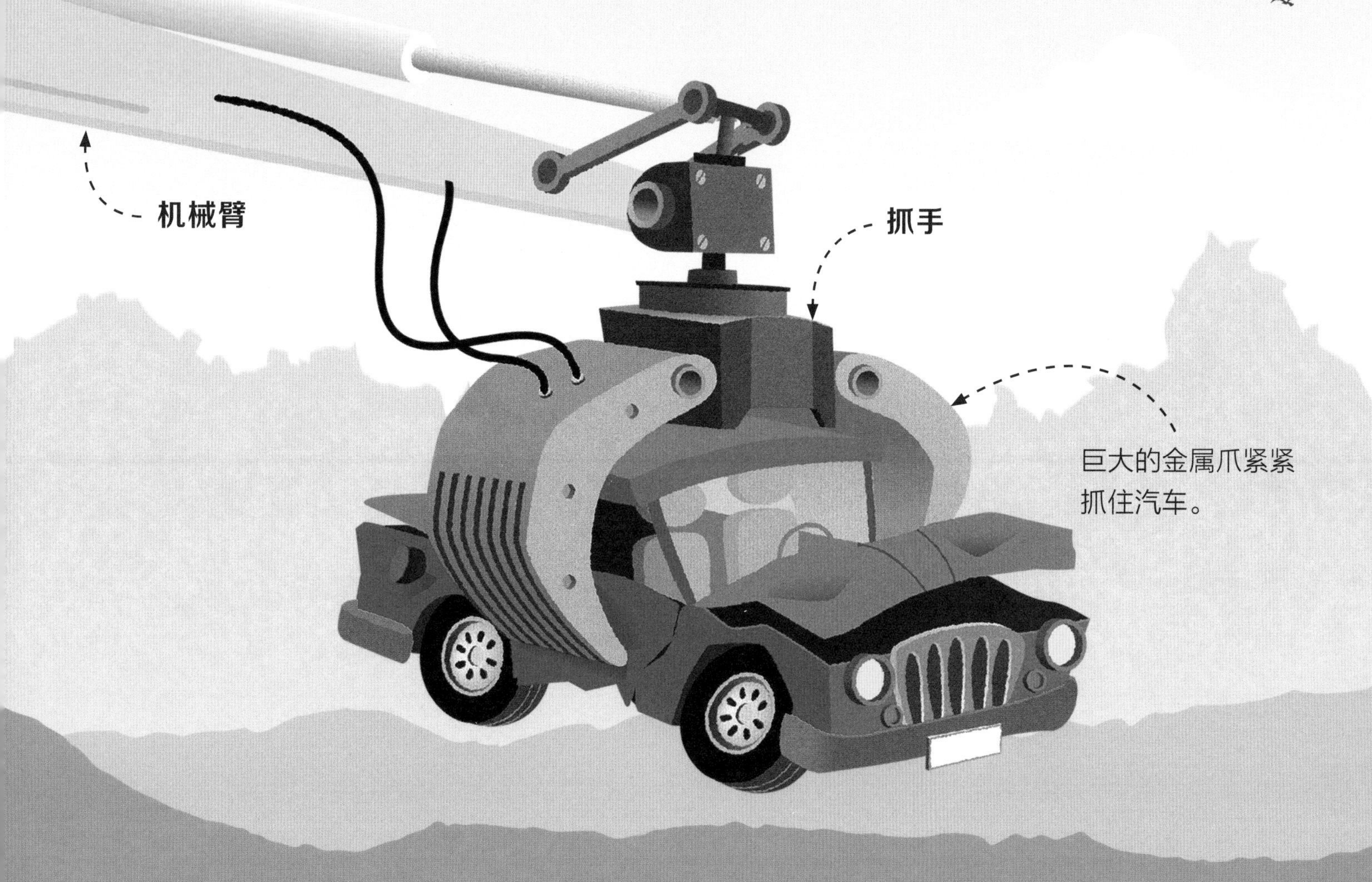

特别感谢

感谢米娜·莱西在本书文字方面的贡献，
加布里尔·安托尼尼在本书图画方面的贡献，
斯蒂芬·莱特、玛丽·卡特赖特、劳拉·伍德、丽莎·维罗尔、薇琪·罗宾森在本书设计方面的帮助，
简·彻丝荷、珍妮·泰勒在本书编辑方面的帮助，
机械方面专家乔恩·巴拉斯、安德鲁·道格拉斯机长、安德鲁·戈维、乔治·霍斯福德、史蒂夫·威廉姆斯对本书知识进行的审订。